ISBN 978-3-662-23416-7 ISBN 978-3-662-25468-4 (eBook)
DOI 10.1007/978-3-662-25468-4

Die in den Sitzungsberichten Abtlg. I und Abtlg. II a der math.-nat. Klasse der Österr. Ak. d. Wiss. erscheinenden Abhandlungen werden auch einzeln abgegeben. Sie können durch jede Buchhandlung oder direkt durch die Auslieferungsstelle der Österreichischen Akademie der Wissenschaften (Wien I, Singerstraße 12) bezogen werden.

Nachfolgende Abhandlungen aus den Fächern **Geologie, Mineralogie** und **Geographie** sind erschienen:

1950 (S I Bd. 159):

Cornelius H. P.: Zur Paläographie und Tektonik des alpinen Paläozoikums, 9 Seiten. S 7.—
Hanselmayer Josef: Petrographische Studien an Hochtrötsch-Diabasen einschließlich einer kurzen Charakteristik der mit ihnen auftretenden Tonschiefer, 10 Seiten. S 3.60
Küpper H.: Eiszeitspuren im Gebiet von Wien (mit 1 Tabelle), 7 Seiten. S 6.80
Schmidt Walter J.: Die Matreier Zone in Österreich, I. Teil, 41 Seiten. S 25.20
Stark M.: Die Grünschiefer der Kalkglimmerschiefer- Grünschiefer-Serie des Großarl- und Gasteiner Tales. 15 Seiten. S 8.30
Winkler v. Hermaden A.: Tertiäre Ablagerungen und junge Landformung im Bereiche des Längstales der Enns (mit 7 Textabbildungen), 25 Seiten. S 16.80

1951 (S I Bd. 160):

Hießleitner G. und Clar E.: Ein Beitrag zur Geologie und Lagerstättenkunde (Chromerz- und Nickellagerstätten) basischer Gesteinszüge in Griechenland (mit 1 Beilage und 4 Textabbildungen), 12 Seiten. S 11.—
Schmidt W. J.: Die Matreier Zone in Österreich, II. Teil (mit 1 Beilage: geologische Beschreibung mit 20 Profilen und 1 Karte), 49 Seiten. S 28.50
Stratil-Sauer G.: Stellungnahme zu einigen Auffassungen über das Flußlängsprofil (mit 3 Textabbildungen). 20 Seiten. S 7.—
Thurner A.: Die Puchberg- und Mariazeller Linie (mit 8 Textabb., Abb. 1 Beilage), 33 Seiten. S 19.—
Thurner A.: Tektonik und Talbildung im Gebiet des oberen Murtales (mit 12 Textabbildungen), 22 Seiten. S 12.50
Winkler v. Hermaden A.: Über neue Ergebnisse aus dem Tertiärbereich des steirischen Beckens und über das Alter der oststeirischen Basaltausbrüche, 36 Seiten. S 8.—
Winkler v. Hermaden A.: Die jungtektonischen Vorgänge im steirischen Becken (mit 4 Textabbildungen auf 2 Beilagen), 32 Seiten. S 15.—

1952 (S I Bd. 161):

Alker A.: Malchite aus dem Gailtal, IV. Teil, 18 Seiten. S 9.80
Alker A., Heritsch H., Paulitsch P. und Zednicek W.: Malchite aus dem Gailtal, VI. Teil (mit 1 Abbildung), 8 Seiten. S 4.40
Alker A. und Zednicek W.: Malchite aus dem Gailtal, II. Teil, 53 Seiten. S 3.20
Flügel H., Hauser A. und Papp A.: Neue Beobachtungen am Basaltvorkommen von Weitendorf bei Graz (mit 1 Textabbildung), 11 Seiten. S 4.40
Heritsch H.: Malchite aus dem Gailtal, I. Teil (3 Abbildungen), 22 Seiten. S 12.—
Heritsch H. und Zednicek W.: Malchite aus dem Gailtal, III. Teil (mit 5 Abb.), 45 Seiten. S 25.80
Holzer H.: Über geologische Untersuchungen am Westrand der Granatspitzgruppe (Hohe Tauern), 7 Seiten. S 2.80
Küpper H., Papp A. und Thenius E.: Über die stratigraphische Stellung des Rohrbacher Konglomerates, 12 Seiten. S 5.20
Mutschlechner G.: Neue Vorkommen von Glimmerkersantit in den Lienzer Dolomiten (Osttirol) (mit 1 Kartenskizze), 5 Seiten. S 2.10
Osberger R.: Der Flysch-Kalkalpenrand zwischen der Salzach und dem Fuschlsee (mit 1 Kartenbeilage), 16 Seiten. S 10.40
Paulitsch P.: Malchite aus dem Gailtal, V. Teil (mit 2 Abbildungen), 31 Seiten. S 13.80
Schmidt W. J.: Die Matreier Zone in Österreich, III. bis V. Teil (mit 1 tektonischen Karte und 9 Profilen), 28 Seiten. S 16.30

1953 (S I Bd. 162):

Cornelius-Furlani Marta: Beiträge zur Kenntnis der Schichtfolge und Tektonik der Lienzer Dolomiten (Erster Beitrag. mit 2 Tafeln und 1 Profil). S 8.90
Hanselmayer J.: Beiträge zur Sedimentpetrographie der Grazer Umgebung III. S 4.40
Kümel F.: Das Faltenland von Mosul (mit 6 Textabbildungen und 4 Tafeln). S 37.50
Medwenitsch W.: Dritter vorläufiger Aufnahmsbericht über geologische Arbeiten im Unterengadiner Fenster (Tirol). S 3.70
Schroll E.: Über Unterschiede im Spurengehalt bei Wurtziten, Schalenblenden und Zinkblenden (mit 2 Textabbildungen). S 21.90

Kristallographische, optische und röntgenographische Untersuchung von mehreren organischen Substanzen

Von Helga Luithlen

Mit 6 Textabbildungen

(Vorgelegt in der Sitzung am 24. Juni 1954)

Die im folgenden bearbeiteten Substanzen sind im II. Chemischen Institut der Universität Wien von Herrn Prof. F. Wessely und seinen Mitarbeitern dargestellt worden und wurden mir von den genannten Herren zur kristallographischen Untersuchung übergeben. Meine eigenen Untersuchungen röntgenographischer, kristallographischer und kristalloptischer Art erfolgten im Mineralogischen Institut der Universität Wien unter freundlicher Anleitung von Prof. F. Machatschki und Dr. A. Preisinger. Die Weissenberg-Aufnahmen wurden am I. Chemischen Institut der Universität Wien mit freundlicher Erlaubnis von Herrn Prof. H. Novotny und unter Mithilfe von Herrn Dr. H. Bittner hergestellt.

I. Eine mesoide Verbindung mit unten erwähnter Formel.

Als erstes Objekt diente eine von Herrn Prof. F. Wessely, Herrn J. Kotlan und Herrn F. Sinwel erstmalig dargestellte Substanz.

Sie hat folgende Formel:

$O\cdot CO\cdot CH_3$ $O\cdot CO\cdot CH_3$ C_2H_5 $O\cdot CO\cdot CH_3$ $O\cdot CO\cdot CH_3$

$O{=}\langle\rangle{=}CH{-}CH{-}\langle\rangle{=}O$

C_2H_5

Zum Umkristallisieren wurde Eisessig verwendet. Der Zersetzungspunkt liegt zwischen 194° C und 204° C. Die Farbe ist gelb, die Ausbildung säulenförmig. Die Kristalle zeigen glatte Flächen und scharfe, gut ausgebildete Kanten. Sie sind 1 mm lang und $^1/_2$ bis $^1/_3$ mm breit.

Die Kristalle scheinen der monoklin holoedrischen Klasse anzugehören. Morphologisch wirken sie pseudohexagonal,

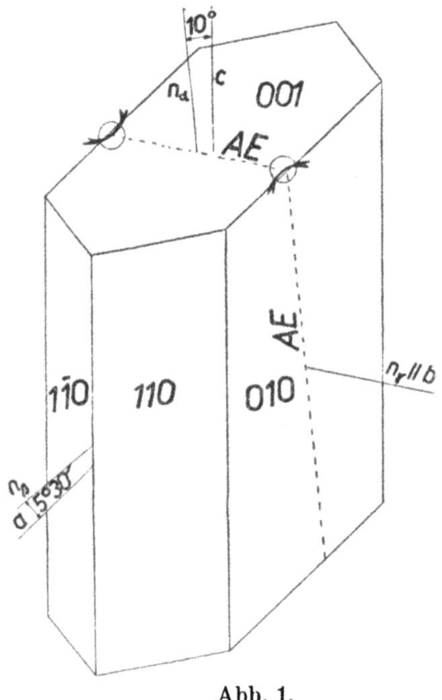

Abb. 1.

O · CO · CH₃ O · CO · CH₃
O · CO · CH₃ O · CO · CH₃
C_2H_5
O = ⟨ ⟩ —CH—CH— ⟨ ⟩ = O
C_2H_5

wie vorstehende Zeichnung zeigt (Abb. 1). Die Ausbildung der Formen als Pinakoide und Prisma deuten auf Holoedrie hin. Beobachtet wurden nur die Formen {110}, {010} und {001}, so daß eine vollständige makrokristallographische Charakterisierung nicht möglich war. Die gemessenen Winkel sind in folgender Tabelle zusammengestellt:

Winkeltabelle.

	gemessene Winkel
(110) : (1$\bar{1}$0)	75° 15′
(010) : (001)	90° 00′
(001) : (100)	∾ 74° 30′

Es konnte aus den vorhandenen Goniometermessungen nur das Teil-Achsenverhältnis a : b berechnet werden:

$$a : b = 0{,}799.$$

Die Kristalle sind nach der c-Achse gestreckt. Sie spalten ausgezeichnet parallel der Fläche (001).

Der Glanz ist ein schwacher Glasglanz.

Die optischen Untersuchungen ergaben eine Auslöschungsschiefe auf der Fläche (010) von 10°. Die Substanz ist optisch zweiachsig negativ. Es zeigt sich eine starke horizontale Dispersion und im Zusammenhang damit eine Dispersion der Auslöschungsschiefe und eine sehr starke Achsendispersion ($\varrho >> v$). Mit dem Drehtisch wurde der optische Achsenwinkel zu:

$$2\,V_\alpha = 52^\circ\,30'$$

gemessen.

Der Brechungsexponent n_γ beträgt 1,5771 (Immersionsmethode). Die optische Orientierung ersieht man aus der Abb. 1.

Die Dichte wurde mit der Schwebemethode bestimmt, sie beträgt: 1,255.

Die Gitterkonstanten wurden aus den Drehkristallaufnahmen um die drei kristallographischen Achsen ermittelt:

$$a = 11{,}38\,\text{Å},\quad b = 14{,}27\,\text{Å},\quad c = 16{,}77\,\text{Å}.$$

Das aus den Gitterkonstanten berechnete Achsenverhältnis ergibt sich zu:

$$a : b : c = 0{,}7975 : 1 : 1{,}1745.$$

Eine Weissenberg-Aufnahme um [001] bestätigte die Annahme der monoklinen Symmetrie. Ebenso konnte der Achsenwinkel β aus dem Äquator der Weissenberg-Aufnahme um [010] mit 74° 30′ direkt abgelesen werden. Die Indizierung der Weissenberg-Aufnahmen in der Zone [001] und [010] ergab folgende Auslöschungen:

(h0l) nur mit $h = 2n$ und $l = 2n$
(0k0) nur mit $k = 2n$
(hkl) nur mit $h + k = 2n$.

Die wahrscheinlichste Raumgruppe ist daher:

$$C_{2h}^{6}\ (\text{evtl. } C_s^{4}).$$

Die Zahl der Moleküle im Elementarkörper beträgt: $n = 4$.
Die berechnete Dichte ist: 1,265.

II. Methyl-Diphenyl-Carbinol.

Als weiteres Untersuchungsobjekt wurde eine von Herrn Dr. L. Holzer hergestellte Substanz vorgenommen (Abb. 2).

Die chemische Formel der Substanz ist folgende:

$$\begin{array}{l} C_6H_5\diagdown \\ C_6H_5-C-OH \\ CH_3\diagup \end{array}$$

Der Darsteller hat Petroläther als Lösungsmittel verwendet. Der Schmelzpunkt liegt bei 81° C. Auch hier ist die Ausbildung wie bei allen andern untersuchten Objekten säulenförmig gestreckt. Die Farbe ist weiß, der Glanz ein matter Glasglanz. Die Kristalle sind schön ausgebildet mit glatten Flächen und scharfen Kanten. Die Durchschnittsgröße beträgt 1 mm Längsstreckung und $^1/_4$ bis

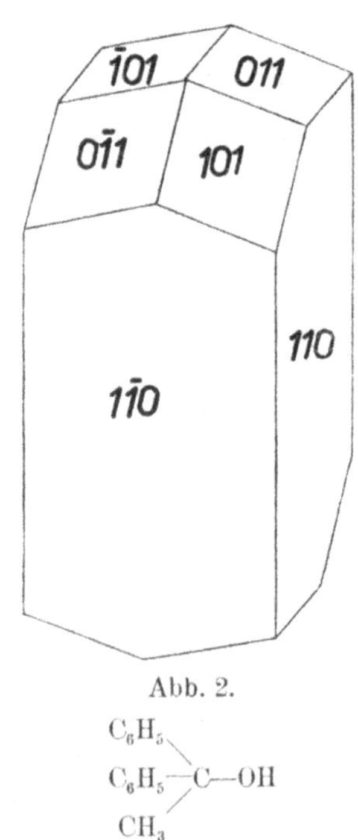

Abb. 2.

$$\begin{array}{l} C_6H_5\diagdown \\ C_6H_5-C-OH \\ CH_3\diagup \end{array}$$

$^1/_3$ mm Querschnitt. Die Kristalle erwiesen sich als tetragonal. Die ausgebildeten Flächen waren Prismen I. Art und Pyramiden II. Art. Die gemessenen Winkel waren folgende:

Winkeltabelle.

	gemessene Winkel	berechnete Winkel
$(011):(0\bar{1}1)$	47° 27′	—
$(101):(011)$	33° 09′	33° 04′
$(011):(110)$	73° 26′	73° 28′

Das aus den goniometrischen Messungen bestimmte Achsenverhältnis beträgt:

$$a : c = 0{,}4395.$$

Optisch läßt sich ein einachsig negatives Achsenbild auf der durch Schnitt herstellbaren Fläche (001) feststellen. Die Prismenflächen zeigen gerade Auslöschung. Die Brechungsexponenten ε und ω wurden nach der Immersionsmethode zu 1,6283 bzw. 1,6613 bestimmt. Die Doppelbrechung ist daher: — 0,0330.

Die nach der Schwebemethode bestimmte Dichte beträgt: 1,163.

Die Gitterkonstanten (Drehkristallaufnahmen) haben einen Wert von:

$$c = 7{,}54\ \text{Å}, \qquad a = 17{,}2\ \text{Å}.$$

Das aus den Gitterkonstanten berechnete Achsenverhältnis ergibt sich zu:

$$a : c = 0{,}4380.$$

Die Weissenberg-Aufnahmen in der Zone [001] und [100] bewiesen die Richtigkeit der Annahme des tetragonalen Systems. Aus der Indizierung der beiden Weissenberg-Aufnahmen ist ersichtlich, daß nur folgende Reflexe auftreten:

(hkl) alle Ordnungen
(hk0) alle Ordnungen
(hhl) alle Ordnungen
(0kl) alle Ordnungen
(h00) nur mit $h = 2n$
(00l) nur mit $l = 2n$.

Die wahrscheinlichste Raumgruppe ist daher:

$$D_4^6 - P\,4_2\,2_1.$$

Die Anzahl der Moleküle in der Elementarzelle beträgt: $n = 8$.
Die berechnete Dichte ergibt sich zu: 1,172.

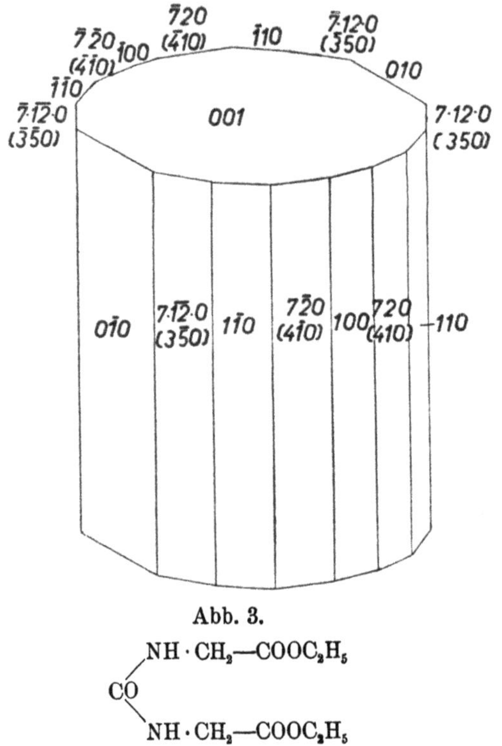

Abb. 3.

$$CO\begin{cases} NH \cdot CH_2—COOC_2H_5 \\ NH \cdot CH_2—COOC_2H_5 \end{cases}$$

III. Carbonyl-bis-glycin-äthylester.

Als nächste kristallisierte Substanz wurde eine von Herrn Dr. K. Schlögl dargestellte Substanz verwendet. Es handelt sich um Carbonyl-bis-glycin-äthylester.

Die Formel der untersuchten Substanz lautet:

$$C{=}O\begin{cases} NH—CH_2—COO \cdot C_2H_5 \\ NH—CH_2—COO \cdot C_2H_5 \end{cases}$$

Die Darstellung der Substanz erfolgt durch Lösen in Alkohol und Fällung mit Äther. Der Schmelzpunkt liegt bei 148° C bis 149° C. Die Kristalle sind weiß durchscheinend und zeigen eine Streckung nach der c-Achse. Sie sind gut ausgebildet und glasglänzend. Die Durchschnittsgröße betrug 2 mm Längsstreckung und $^1/_2$ mm Querschnitt. Beobachtet wurden an kleinen Kristallen von $^1/_8$ mm Querschnitt folgende Formen: {110}, {720}, {100}, {7.12.0}, {010},

Die chemische Formel der Substanz lautet:

CH_3
H_3C $CH—CH_2—CH_2—CH_2OH$
H_3C
HO

Der Schmelzpunkt liegt bei 178° C bis 180° C. Als Lösungsmittel wurde Essigester verwendet. Die weißen glänzenden Kristalle sind säulenförmig ausgebildet. Durchschnittliche Länge 2 mm, die Breite liegt zwischen $^1/_4$ bis $^1/_2$ mm. Auch hier sind die Kristalle nach der c-Achse gestreckt. Die beobachteten Formen sind {120}, {100}, {021} (Abb. 5). Die Substanz ist monoklin.

W i n k e l t a b e l l e

	gemessene Winkel	berechnete Winkel
$(0\bar{2}1):(021)$	72° 53′	—
(021) : (100)	74° 58′	—
(100) : (120)	71° 20′	—
(021) : (120)	49° 43′	49° 46′
$(021):(\bar{1}20)$	61° 27′	61° 20′

Das aus den Goniometermessungen errechnete Achsenverhältnis beträgt:

$$a : b : c = 1{,}565 : 1 : 0{,}390.$$

Der kristallographische Achsenwinkel berechnet sich zu: $\beta = 71^\circ\, 11'$.

Aus der optischen Untersuchung ergab sich, daß die Substanz optisch zweiachsig positiv ist. Auf der Fläche (100) herrscht gerade Auslöschung. Die Untersuchung der Auslöschungen eines Pulverpräparates ergab als maximale Auslöschung 25°. Das muß die Auslöschung von (010) sein. Mangels Ausbildung kristallographischer Bezugselemente läßt sich nicht feststellen, ob die Indikatrix nach vorn oder hinten geneigt ist, d. h. ob die Auslöschungsschiefe im spitzen oder stumpfen Winkel β liegt. Die Achsenebene liegt senkrecht zur Symmetrieebene. Die Indikatrixachse n_α verläuft parallel zur b-Achse; n_γ tritt auf (100) aus. Der mit dem Drehtisch gemessene optische Achsenwinkel hat einen Wert von:

$$2\,V_\gamma = 67^\circ\, 30'.$$

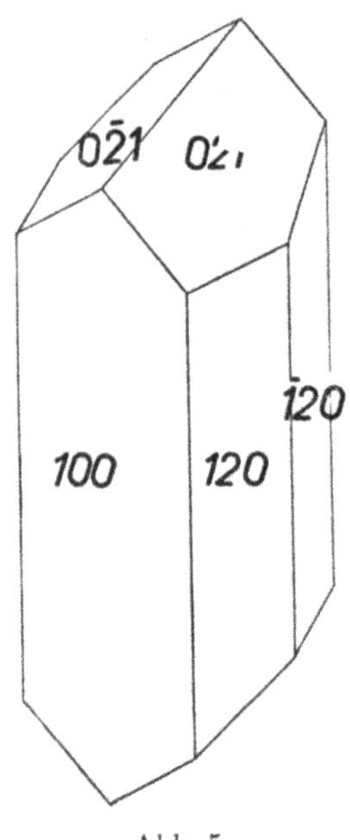

Abb. 5.

CH_3
|
H_3C $CH \cdot CH_2 \cdot CH_2 \cdot CH_2 \cdot OH$
H_3C
HO—

Die Substanz ist nach einer Bestimmung von Dr. W. Swoboda optisch aktiv:

$$[\alpha]_D^{17} = +35{,}5.$$

Der Brechungsexponent n_α beträgt: 1,5497 (Immersionsmethode).

Dichte (nach der Schwebemethode bestimmt): 1,053.

Die Gitterkonstanten wurden aus Drehkristallaufnahmen ermittelt, wobei die Werte von a und b durch die Weissenberg-Aufnahme in der Zone [001] bestätigt wurden.

$$a = 30{,}6\ \text{Å},\quad b = 19{,}6\ \text{Å},\quad c = 7{,}63\ \text{Å}.$$

Das röntgenographisch bestimmte Achsenverhältnis beträgt somit:

$$a : b : c = 1{,}561 : 1 : 0{,}3893.$$

Die Auslöschungen, die sich aus der indizierten Weissenberg-Aufnahme in der Zone [001] ergeben, sind folgende:

(h00) nur mit h = 2 n
(0k0) nur mit k = 4 n
sonst keine charakteristischen (hk0)-Auslöschungen.

Zahl der Moleküle in der Elementarzelle: n = 8.
Die röntgenographisch berechnete Dichte beträgt: 1,060.

V. Methylester der 1-Oxy-2-äthyl-5-amino-benzoesäure.

Als letzte Substanz wurden Kristalle untersucht, die von Herrn Prof. F. Wessely, Herrn Dr. H. Eibl und Frau Dr. G. Friedrich hergestellt worden waren (Abb. 6).

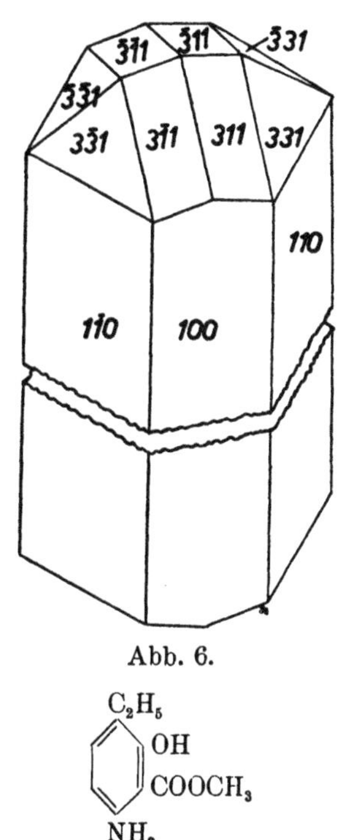

Abb. 6.

Die Formel der Substanz ist folgende:

$$C_2H_5$$
$$-OH$$
$$-COO \cdot CH_3$$
$$NH_2$$

Das verwendete Lösungsmittel war Petroläther. Die Substanz schmilzt bei 103° C bis 104° C. Die nadelig gestreckten Kristalle sind grünlich durchscheinend, glasglänzend. Die Streckung verläuft in Richtung der c-Achse. Die Durchschnittsgröße beträgt: 4 mm Längserstreckung und $^1/_5$ mm Querschnitt. Die ausgebildeten Formen waren {110}, {100}, {311}, {331} (Abb. 6).

Winkeltabelle

	gemessene Winkel	berechnete Winkel
(100) : (110)	52° 30′	—
(331) : (110)	42° 42′	—
(331) : ($\bar{1}$10)	79° 22′	79° 02′
(331) : (1$\bar{1}$0)	100° 47′	100° 58′
(311) : (110)	59° 23′	59° 22′
(311) : (1$\bar{1}$0)	81° 25′	81° 59′
(311) : ($\bar{1}$10)	98° 09′	98° 01′
(311) : (100)	57° 38′	57° 46′
(331) : (100)	63° 40′	63° 26′
(331) : ($\bar{3}\bar{3}$1)	53° 09′	53° 08′
(331) : (3$\bar{3}$1)	71° 01′	71° 20′
(311) : ($\bar{3}$11)	64° 06′	64° 28′
(331) : (311)	22° 09′	22° 12′
(311) : (3$\bar{1}$1)	26° 42′	26° 56′

Die Substanz ist nach den Messungen rhombisch-holoedrisch. Das kristallographische Achsenverhältnis beträgt:

$$a : b : c = 1{,}303 : 1 : 0{,}287.$$

Die optische Untersuchung ergibt, daß die Kristalle optisch zweiachsig und mit ziemlicher Wahrscheinlichkeit negativ sind. Der optische Achsenwinkel ist nämlich groß. Leider ist die Substanz in Kanadabalsam und in Kollolith löslich, so daß der konoskopisch nicht mehr meßbare Achsenwinkel mit dem Drehtisch nicht bestimmbar ist. Die optische Achsenebene liegt parallel zur Fläche (001). n_α liegt parallel der kristallographischen a-Achse, n_γ parallel der b-Achse und n_β parallel der c-Achse. Es zeigt sich eine starke disymmetrische (normale) Achsendispersion, wobei

$$2\,V_\varrho < 2\,V_v.$$

Die Auslöschung ist auf allen Prismen- und Endflächen gerade, was mit der rhombischen Symmetrie übereinstimmt. Auch sonst spricht nichts gegen die rhombische Symmetrie. Der Brechungsexponent n_β beträgt: 1,6438.

Die nach der Schwebemethode bestimmte Dichte ergibt sich zu: 1,270.

Die Gitterkonstanten (Drehkristallaufnahmen um die drei Kristallachsen) sind:

$$a = 28{,}67\ \text{Å},\quad b = 22{,}06\ \text{Å},\quad c = 6{,}35\ \text{Å}.$$

Das röntgenographisch berechnete Achsenverhältnis beträgt:

$$a : b : c = 1{,}298 : 1 : 0{,}287.$$

Die Anzahl der Moleküle in der Elementarzelle beträgt: $n = 16$.

Die röntgenographisch ermittelte Dichte hat einen Wert von: 1,282.

Die in den Sitzungsberichten Abtlg. I und Abtlg. II a der math.-nat. Klasse der Österr. Ak. d. Wiss. erscheinenden Abhandlungen werden auch einzeln abgegeben. Sie können durch jede Buchhandlung oder direkt durch die Auslieferungsstelle der Österreichischen Akademie der Wissenschaften (Wien I, Singerstraße 12) bezogen werden.

Nachfolgende Abhandlungen aus dem Fache **Botanik** (Biologie) sind erschienen:

1950 (S I Bd. 159):

Cholnoky B. v. und Höfler K.: Vergleichende Vitalfärbungsversuche an Hochmooralgen (mit 23 Textabbildungen), 39 Seiten. S 29.40

1951 (S I Bd. 160):

Biebl R.: Bodentemperaturen unter verschiedenen Pflanzengesellschaften (mit 9 Textabbildungen), 19 Seiten. S 13.—

Fritz Anna: Veränderungen von Plasmaeigenschaften durch Vitalfarbstoffe, I. Prune pure, 99 Seiten. S 19.—

Kasy Rosemarie: Untersuchungen über Verschiedenheiten der Gewebeschichten krautiger Blütenpflanzen in Beziehung zu entwicklungsgeschichtlichen Befunden Hans Winklers an Pfropfbastarden (mit 2 Textabbildungen), 63 Seiten. S 29.—

Kopetzky-Rechtperg O.: Über eine Mißbildung der Alge Netrium digitus (Ehrenberg) Itzigs und Rothe (mit 1 Textabbildung), 5 Seiten. S 2.50

Krebs Ingeborg: Beiträge zur Kenntnis des Desmidiaceen-Protoplasten: I. Osmotische Werte. II. Plastidenkonsistenz (mit 3 Textabbildungen), 34 Seiten. S 20.—

Loub W.: Über die Resistenz verschiedener Algen gegen Vitalfarbstoffe (mit 4 Textabbildungen), 37 Seiten. S 20.—

Luhan Maria: Zur Wurzelanatomie unserer Alpenpflanzen: I. Primulaceae (mit 10 Textabbildungen), 26 Seiten. S 12.50

Stadelmann E.: Zur Messung der Stoffpermeabilität pflanzlicher Protoplasten: I. Die mathematische Ableitung eines Permeabilitätsmaßes für Anelektrolyte (mit 6 Textabbildungen), 26 Seiten. S 16.—

Weber E.: Physiologische Untersuchungen an Euglena olivacea. 23 Seiten. S 7.—

1952 (S I Bd. 161):

Cholnoky B. J. v.: Beobachtungen über die Plasmolyse: I. Die protoplasmatische Wirkung von NaCl-, NaOH- und HCl-Gemischen auf Delphinium-Blumenblattzellen (mit 7 Tafeln), 18 Seiten. S 12.90

Höfler K., w. M., und Loub W.: Algenökologische Exkursion ins Hochmoor auf der Gerlosplatte (mit 2 Textabbildungen), 21 Seiten. S 10.70

Kopetzky-Rechtperg O.: Artenliste von Desmidiales aus den österreichischen Alpen (mit 1 Textabbildung), 22 Seiten. S 9.40

Krebs Ingeborg: Beiträge zur Kenntnis des Desmidiaceen-Protoplasten: III. Permeabilität für Nichtleiter (mit 6 Textabbildungen), 37 Seiten. S 23.80

Küster E.: Beobachtungen über die Wirkungen des Ultraschalls auf lebende Pflanzenzellen, 13 Seiten. S 5.—

Luhan Maria: Zur Wurzelanatomie unserer Alpenpflanzen: II. Saxifragaceae und Rosaceae (mit 15 Textabbildungen), 38 Seiten. S 16.70

Stadelmann E.: Zur Messung der Stoffpermeabilität pflanzlicher Protoplasten, II. (mit 5 Textabbildungen), 35 Seiten. S 25.70

Toth-Ziegler Annemarie: Rot fluoreszierende Inhaltskörper bei Leguminosen (mit 22 Textabbildungen), 44 Seiten. S 22.40

Wawrik Friederike: Grundwasserstudie (mit 7 Textabbildungen), 20 Seiten. S 12.50

Wiesner Gertraud: Die Bedeutung der Lichtintensität für die Bildung von Moosgesellschaften im Gebiet von Lunz, 24 Seiten. S 10.80

1953 S I Bd. 162:

Cholnoky B. J. v.: Beobachtungen über die Plasmolyse II. Zur Protoplasmatik der Staubblatthaarzellen von Tradescantia (mit 31 Textabbildungen). S 11.40

Cholnoky B. J. v. und Schindler H.: Die Diatomeengesellschaften der Ramsauer Torfmoore (mit 41 Textabbildungen). S 15.60

Hirn Ilse: Vitalfärbung von Diatomeen mit basischen Farbstoffen (mit 8 Textabbildungen) S 16.20

Huber Elfriede: Beitrag zur anatomischen Untersuchung der Antheren von Saintpaulia (mit 6 Textabbildungen). S 4.90

Lenk Ingeborg: Über die Plasmapermeabilität einer Spirogyra in verschiedenen Entwicklungsstadien und zu verschiedener Jahreszeit (mit 1 Textabbildung und 1 Tafel). S 20.—

Loub W.: Zur Algenflora der Lungauer Moore (mit 3 Textabbildungen). S 22.90

Wimmer Ch. und Höfler K.: Über die Eigenfluoreszenz lebender, absterbender und toter Florideenzellen (mit 3 Textabbildungen). S 9.60

Diskus A.: Vom Osmoseverhalten halophiler Euglenen vom Neusiedler See (mit 3 Tafeln). S 8.50

GPSR Compliance
The European Union's (EU) General Product Safety Regulation (GPSR) is a set of rules that requires consumer products to be safe and our obligations to ensure this.

If you have any concerns about our products, you can contact us on

ProductSafety@springernature.com

In case Publisher is established outside the EU, the EU authorized representative is:

Springer Nature Customer Service Center GmbH
Europaplatz 3
69115 Heidelberg, Germany

www.ingramcontent.com/pod-product-compliance
Ingram Content Group UK Ltd.
Pitfield, Milton Keynes, MK11 3LW, UK
UKHW021926190726
13853UKWH00002B/882

* 9 7 8 3 6 6 2 2 3 4 1 6 7 *